STUDIENPLANER

Dieser Planer gehört:

Name:
....

Handynr.:
....

Mail:
....

Studienfach:
....

Semester:
....

KONTAKTE
Lieblingsmenschen

Name:	Name:
Adresse:	Adresse:
Mail:	Mail:
Handy:	Handy:

Name:	Name:
Adresse:	Adresse:
Mail:	Mail:
Handy:	Handy:

Name:	Name:
Adresse:	Adresse:
Mail:	Mail:
Handy:	Handy:

Name:	Name:
Adresse:	Adresse:
Mail:	Mail:
Handy:	Handy:

Name:	Name:
Adresse:	Adresse:
Mail:	Mail:
Handy:	Handy:

Name:	Name:
Adresse:	Adresse:
Mail:	Mail:
Handy:	Handy:

Name:	Name:
Adresse:	Adresse:
Mail:	Mail:
Handy:	Handy:

GEBURTSTAGS LISTE

NAME	DATUM	NAME	DATUM

BUCKETLIST

Traumziele für die Semesterferien

WOCHENZIELE

MONTAG

DIENSTAG

MITTWOCH

DONNERSTAG

FREITAG

SAMSTAG

SONNTAG

TAGESPLANER
Montag

TO DO:

TERMINE:

NOTIZEN & GEDANKEN:

TAGESPLANER
Dienstag

TO DO:

TERMINE:

NOTIZEN & GEDANKEN:

TAGESPLANER
Mittwoch

TO DO:

TERMINE:

NOTIZEN & GEDANKEN:

TAGESPLANER
Donnerstag

TO DO:

TERMINE:

NOTIZEN & GEDANKEN:

TAGESPLANER
Freitag

TO DO:

TERMINE:

NOTIZEN & GEDANKEN:

TAGESPLANER
Samstag

TO DO:

TERMINE:

NOTIZEN & GEDANKEN:

TAGESPLANER
Sonntag

TO DO:

TERMINE:

NOTIZEN & GEDANKEN:

WOCHENZIELE

MONTAG

DIENSTAG

MITTWOCH

DONNERSTAG

FREITAG

SAMSTAG

SONNTAG

DREAM BIG,
WORK HARD,
MAKE IT
happen.

TAGESPLANER
Montag

TO DO:

TERMINE:

NOTIZEN & GEDANKEN:

TAGESPLANER
Dienstag

TO DO:

TERMINE:

NOTIZEN & GEDANKEN:

BE KIND

TAGESPLANER
Mittwoch

TO DO:

TERMINE:

NOTIZEN & GEDANKEN:

TAGESPLANER
Donnerstag

TO DO:

TERMINE:

NOTIZEN & GEDANKEN:

TAGESPLANER
Freitag

TO DO:

TERMINE:

NOTIZEN & GEDANKEN:

TAGESPLANER
Samstag

TO DO:

TERMINE:

NOTIZEN & GEDANKEN:

TAGESPLANER
Sonntag

TO DO:

TERMINE:

NOTIZEN & GEDANKEN:

WOCHENZIELE

MONTAG

DIENSTAG

MITTWOCH

DONNERSTAG

FREITAG

SAMSTAG

SONNTAG

TAGESPLANER
Montag

TO DO:

TERMINE:

NOTIZEN & GEDANKEN:

TAGESPLANER
Dienstag

TO DO:

TERMINE:

NOTIZEN & GEDANKEN:

TAGESPLANER
Mittwoch

TO DO:

TERMINE:

NOTIZEN & GEDANKEN:

TAGESPLANER
Donnerstag

TO DO:

TERMINE:

NOTIZEN & GEDANKEN:

TAGESPLANER
Freitag

TO DO:

TERMINE:

NOTIZEN & GEDANKEN:

TAGESPLANER
Samstag

TO DO:

TERMINE:

NOTIZEN & GEDANKEN:

TAGESPLANER
Sonntag

TO DO:

TERMINE:

NOTIZEN & GEDANKEN:

WOCHENZIELE

MONTAG

DIENSTAG

MITTWOCH

DONNERSTAG

FREITAG

SAMSTAG

SONNTAG

TAGESPLANER
Montag

TO DO:

TERMINE:

NOTIZEN & GEDANKEN:

TAGESPLANER
Dienstag

TO DO:

TERMINE:

NOTIZEN & GEDANKEN:

TAGESPLANER
Mittwoch

TO DO:

TERMINE:

NOTIZEN & GEDANKEN:

TAGESPLANER
Donnerstag

TO DO:

TERMINE:

NOTIZEN & GEDANKEN:

TAGESPLANER
Freitag

TO DO:

TERMINE:

NOTIZEN & GEDANKEN:

TAGESPLANER
Samstag

TO DO:

TERMINE:

NOTIZEN & GEDANKEN:

TAGESPLANER
Sonntag

TO DO:

TERMINE:

NOTIZEN & GEDANKEN:

WOCHENZIELE

MONTAG

DIENSTAG

MITTWOCH

DONNERSTAG

FREITAG

SAMSTAG

SONNTAG

DREAM BIG,
WORK HARD,
MAKE IT
happen.

TAGESPLANER

TO DO:

TERMINE:

NOTIZEN & GEDANKEN:

TAGESPLANER
Dienstag

TO DO:

TERMINE:

NOTIZEN & GEDANKEN:

TAGESPLANER
Mittwoch

TO DO:

TERMINE:

NOTIZEN & GEDANKEN:

TAGESPLANER
Donnerstag

TO DO:

TERMINE:

NOTIZEN & GEDANKEN:

TAGESPLANER
Freitag

TO DO:

TERMINE:

NOTIZEN & GEDANKEN:

TAGESPLANER
Samstag

TO DO:

TERMINE:

NOTIZEN & GEDANKEN:

TAGESPLANER
Sonntag

TO DO:

TERMINE:

NOTIZEN & GEDANKEN:

WOCHENZIELE

MONTAG

DIENSTAG

MITTWOCH

DONNERSTAG

FREITAG

SAMSTAG

SONNTAG

TAGESPLANER
Montag

TO DO:

TERMINE:

NOTIZEN & GEDANKEN:

TAGESPLANER
Dienstag

TO DO:

TERMINE:

NOTIZEN & GEDANKEN:

TAGESPLANER
Mittwoch

TO DO:

TERMINE:

NOTIZEN & GEDANKEN:

YOU'VE TOTALLY GOT THIS!

TAGESPLANER
Donnerstag

TO DO:

TERMINE:

NOTIZEN & GEDANKEN:

TAGESPLANER
Freitag

TO DO:

TERMINE:

NOTIZEN & GEDANKEN:

TAGESPLANER
Samstag

TO DO:

TERMINE:

NOTIZEN & GEDANKEN:

TAGESPLANER
Sonntag

TO DO:

TERMINE:

NOTIZEN & GEDANKEN:

WOCHENZIELE

MONTAG

DIENSTAG

MITTWOCH

DONNERSTAG

FREITAG

SAMSTAG

SONNTAG

TAGESPLANER
Montag

TO DO:

TERMINE:

NOTIZEN & GEDANKEN:

TAGESPLANER
Dienstag

TO DO:

TERMINE:

NOTIZEN & GEDANKEN:

TAGESPLANER
Mittwoch

TO DO:

TERMINE:

NOTIZEN & GEDANKEN:

TAGESPLANER
Donnerstag

TO DO:

TERMINE:

NOTIZEN & GEDANKEN:

TAGESPLANER
Freitag

TO DO:

TERMINE:

NOTIZEN & GEDANKEN:

TAGESPLANER
Samstag

TO DO:

TERMINE:

NOTIZEN & GEDANKEN:

TAGESPLANER
Sonntag

TO DO:

TERMINE:

NOTIZEN & GEDANKEN:

WOCHENZIELE

MONTAG

DIENSTAG

MITTWOCH

DONNERSTAG

FREITAG

SAMSTAG

SONNTAG

DREAM BIG,
WORK HARD,
MAKE IT
happen.

TAGESPLANER
Montag

TO DO:

TERMINE:

NOTIZEN & GEDANKEN:

TAGESPLANER
Dienstag

TO DO:

TERMINE:

NOTIZEN & GEDANKEN:

TAGESPLANER
Mittwoch

TO DO:

TERMINE:

NOTIZEN & GEDANKEN:

TAGESPLANER
Donnerstag

TO DO:

TERMINE:

NOTIZEN & GEDANKEN:

TAGESPLANER
Freitag

TO DO:

TERMINE:

NOTIZEN & GEDANKEN:

TAGESPLANER
Samstag

TO DO:

TERMINE:

NOTIZEN & GEDANKEN:

TAGESPLANER
Sonntag

TO DO:

TERMINE:

NOTIZEN & GEDANKEN:

WOCHENZIELE

MONTAG

DIENSTAG

MITTWOCH

DONNERSTAG

FREITAG

SAMSTAG

SONNTAG

TAGESPLANER
Montag

TO DO:

TERMINE:

NOTIZEN & GEDANKEN:

TAGESPLANER
Dienstag

TO DO:

TERMINE:

NOTIZEN & GEDANKEN:

TAGESPLANER
Mittwoch

TO DO:

TERMINE:

NOTIZEN & GEDANKEN:

YOU'VE TOTALLY GOT THIS!

TAGESPLANER
Donnerstag

TO DO:

TERMINE:

NOTIZEN & GEDANKEN:

TAGESPLANER
Freitag

TO DO:

TERMINE:

NOTIZEN & GEDANKEN:

TAGESPLANER
Samstag

TO DO:

TERMINE:

NOTIZEN & GEDANKEN:

TAGESPLANER
Sonntag

TO DO:

TERMINE:

NOTIZEN & GEDANKEN:

WOCHENZIELE

MONTAG

DIENSTAG

MITTWOCH

DONNERSTAG

FREITAG

SAMSTAG

SONNTAG

TAGESPLANER
Montag

TO DO:

TERMINE:

NOTIZEN & GEDANKEN:

TAGESPLANER
Dienstag

TO DO:

TERMINE:

NOTIZEN & GEDANKEN:

TAGESPLANER
Mittwoch

TO DO:

TERMINE:

NOTIZEN & GEDANKEN:

TAGESPLANER
Donnerstag

TO DO:

TERMINE:

NOTIZEN & GEDANKEN:

TAGESPLANER
Freitag

TO DO:

TERMINE:

NOTIZEN & GEDANKEN:

TAGESPLANER
Samstag

TO DO:

TERMINE:

NOTIZEN & GEDANKEN:

TAGESPLANER
Sonntag

TO DO:

TERMINE:

NOTIZEN & GEDANKEN:

WOCHENZIELE

MONTAG

DIENSTAG

MITTWOCH

DONNERSTAG

FREITAG

SAMSTAG

SONNTAG

TAGESPLANER
Montag

TO DO:

TERMINE:

NOTIZEN & GEDANKEN:

TAGESPLANER
Dienstag

TO DO:

TERMINE:

NOTIZEN & GEDANKEN:

TAGESPLANER

TO DO:

TERMINE:

NOTIZEN & GEDANKEN:

TAGESPLANER
Donnerstag

TO DO:

TERMINE:

NOTIZEN & GEDANKEN:

TAGESPLANER
Freitag

TO DO:

TERMINE:

NOTIZEN & GEDANKEN:

TAGESPLANER
Samstag

TO DO:

TERMINE:

NOTIZEN & GEDANKEN:

TAGESPLANER
Sonntag

TO DO:

TERMINE:

NOTIZEN & GEDANKEN:

WOCHENZIELE

MONTAG

DIENSTAG

MITTWOCH

DONNERSTAG

FREITAG

SAMSTAG

SONNTAG

DREAM BIG, WORK HARD, MAKE IT happen.

TAGESPLANER
 Montag

TO DO:

TERMINE:

NOTIZEN & GEDANKEN:

TAGESPLANER
Dienstag

TO DO:

TERMINE:

NOTIZEN & GEDANKEN:

TAGESPLANER
Mittwoch

TO DO:

TERMINE:

NOTIZEN & GEDANKEN:

YOU'VE TOTALLY GOT THIS!

TAGESPLANER
Donnerstag

TO DO:

TERMINE:

NOTIZEN & GEDANKEN:

TAGESPLANER
Freitag

TO DO:

TERMINE:

NOTIZEN & GEDANKEN:

TAGESPLANER
Samstag

TO DO:

TERMINE:

NOTIZEN & GEDANKEN:

TAGESPLANER
Sonntag

TO DO:

TERMINE:

NOTIZEN & GEDANKEN:

WOCHENZIELE

MONTAG

DIENSTAG

MITTWOCH

DONNERSTAG

FREITAG

SAMSTAG

SONNTAG

TAGESPLANER
Montag

TO DO:

TERMINE:

NOTIZEN & GEDANKEN:

TAGESPLANER
Dienstag

TO DO:

TERMINE:

NOTIZEN & GEDANKEN:

TAGESPLANER
Mittwoch

TO DO:

TERMINE:

NOTIZEN & GEDANKEN:

TAGESPLANER
Donnerstag

TO DO:

TERMINE:

NOTIZEN & GEDANKEN:

TAGESPLANER
Freitag

TO DO:

TERMINE:

NOTIZEN & GEDANKEN:

TAGESPLANER
Samstag

TO DO:

TERMINE:

NOTIZEN & GEDANKEN:

TAGESPLANER
Sonntag

TO DO:

TERMINE:

NOTIZEN & GEDANKEN:

WOCHENZIELE

MONTAG

DIENSTAG

MITTWOCH

DONNERSTAG

FREITAG

SAMSTAG

SONNTAG

TAGESPLANER
 Montag

TO DO:

TERMINE:

NOTIZEN & GEDANKEN:

TAGESPLANER
Dienstag

TO DO:

TERMINE:

NOTIZEN & GEDANKEN:

TAGESPLANER
Mittwoch

TO DO:

TERMINE:

NOTIZEN & GEDANKEN:

TAGESPLANER
Donnerstag

TO DO:

TERMINE:

NOTIZEN & GEDANKEN:

TAGESPLANER
Freitag

TO DO:

TERMINE:

NOTIZEN & GEDANKEN:

TAGESPLANER
Samstag

TO DO:

TERMINE:

NOTIZEN & GEDANKEN:

TAGESPLANER
Sonntag

TO DO:

TERMINE:

NOTIZEN & GEDANKEN:

BUCKETLIST

Traumziele für die
Semesterferien

Impressum

Lem 'n Love Publishing
vertreten durch:
Julia Kirberger & Oliver Alkass
Alle Rechte vorbehalten.
julia.kirberger@gmail.com
oliver.alkass@gmail.com
Landauerstrasse 3
67346 Speyer

www.ingramcontent.com/pod-product-compliance
Lightning Source LLC
Chambersburg PA
CBHW030707220526
45463CB00005B/1940